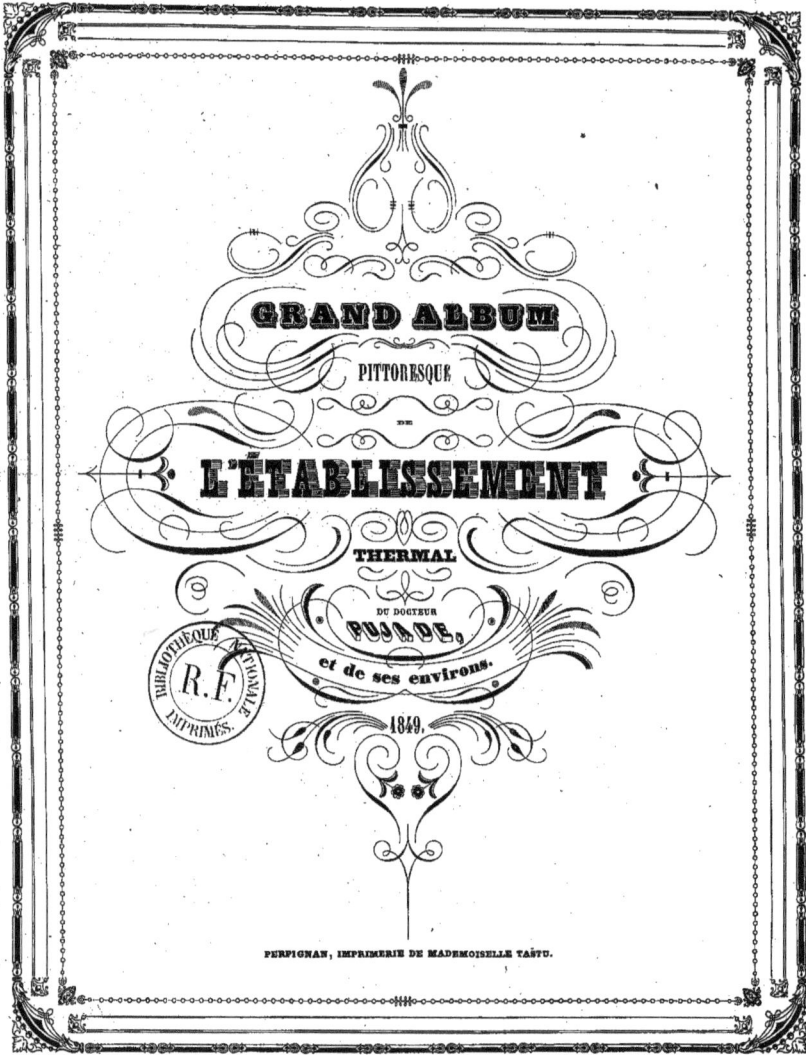

GRAND ALBUM

PITTORESQUE

DE

L'ÉTABLISSEMENT

THERMAL

DU DOCTEUR

PUJADE,

et de ses environs.

1849.

PERPIGNAN, IMPRIMERIE DE MADEMOISELLE TASTU.

1849

VUE GÉNÉRALE DE L'ÉTABLISSEMENT.

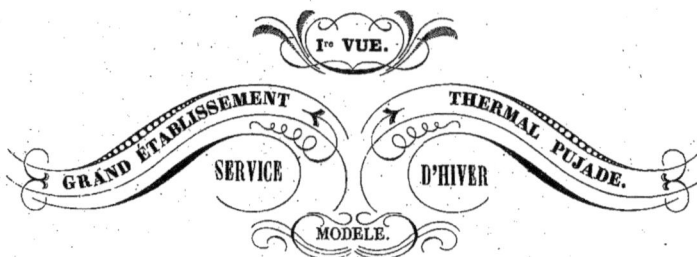

Amélie-les-Bains, situé sur la rive droite du Tech, à trois quarts de lieue d'Arles, à huit lieues de Perpignan, est à 236 mètres au-dessus du niveau de la mer.

Ce village est le même que celui qui est désigné par *Carrera* et *Anglada* sous le nom de Bains-près-Arles. Cette nouvelle dénomination, qui lui a été imposée récemment, est très-regrettable en ce qu'elle donnera nécessairement lieu à des erreurs parmi les écrivains et qu'elle nuira indubitablement aux intérêts de l'industrie balnéaire du pays.

Quoi qu'il en soit, il existe au village d'Amélie-les-Bains de nombreuses sources thermales-sulfureuses qui ont été connues des romains et analysées par plusieurs chimistes distingués. De temps immémorial, il y existe des thermes, et le gouvernement a fait l'acquisition *de la grande source ou gros escaldadou*, et y fonde en ce moment un établissement de bains pour 500 soldats et 120 officiers.

Le docteur Pujade, ayant reconnu, après plusieurs voyages faits en France et à l'étranger, que les établissemens qui sont regardés comme les plus complets ne répondent plus aux besoins de notre époque, et ne sont plus en rapport avec l'état actuel de la science, a voulu mettre à exécution les projets de réforme qu'il avait conçus; et, pour cela, il a fait l'acquisition de plusieurs sources sulfureuses à Amélie-les-Bains, où il a élevé, à ses frais, le vaste et magnifique établissement de bains dont il s'agit.

Cet établissement, qui est situé sur la rive gauche du *Mondony*, se présente en amphithéâtre et a vue sur *Palalda*, *Montbolo*, *le Fort-les-Bains* et le petit vallon d'Amélie-les-Bains.

L'aménagement des sources y est établi sur des vues nouvelles, sur un système thérapeutique de nouvelle invention, qui élargit tout-à-coup les ressources de la science médicale jusqu'à des limites inconnues jusqu'à ce jour. Là, l'application des bains, des douches, des étuves, prend toute espèce de formes et de directions; le mal si profondément qu'il se cache, quelque partie du corps qu'il affecte, est attaqué directement et avec énergie, par des jets d'eau ascendans, descendans, latéraux, obliques, etc. La force, la chaleur, le volume du jet, tout varie selon la nature de la maladie, selon l'âge, le sexe et le tempérament; en un mot, et d'après les rapports des hommes éminens dans la science, notamment de MM. Lallemand, François et Patissier, les termes Pujade doivent être considérés comme les plus avancés et les plus complets de tous ceux qu'on cite comme thermes modèles.

On a eu le soin d'enfermer les sources dans les thermes mêmes. Cette situation est très favorable en ce qu'elle permet d'employer les eaux au sortir de la roche granitique, de conserver par conséquent leur température et tous leurs principes minéralisateurs, et d'organiser un service balnéaire commode et varié. L'établissement renferme 14 sources, des chutes d'eau de hauteurs diverses, de grands réservoirs voûtés creusés dans le roc, des cabinets de bains aux trois étages de la maison des thermes, dont quelques-uns sont contigus à des appartemens destinés aux baigneurs; plus de 40 douches, qu'on peut graduer en température et en volume, pouvant s'administrer dans toutes les baignoires, dirigées en double ou en triple jets, s'il y a deux ou trois parties affectées à la fois, et des cabinets d'étuve tempérés ou forts (45° C.) dont on peut renouveler la vapeur à volonté, de telle sorte que les malades n'ont pas à redouter les émanations d'autres malades qui les ont précédés aux bains.

Dans son projet de rénovation hydro-thermale, le docteur Pujade y a compris le traitement d'hiver.

Grâce aux progrès généraux, l'impossible recule de plus en plus devant nous, et les suppositions les plus éloignées, les plus aventureuses, deviennent souvent sous nos yeux des réalités parlantes. L'imagination a conçu, il y a long-temps, l'idée d'un printemps éternel sur la terre. Eh bien! ces doux rêves commencent à descendre des régions de la fantaisie dans nos terrestres asiles. La puissance de l'art vient déjà effectuer dans la nature, au profit des constitutions débiles, étiolées ou malades, ces transformations révivifiantes. Il est aujourd'hui au pied du *Canigou* une localité heureuse d'où le froid est aboli, dont le seuil est interdit aux hivers. Là se trouve un vaste édifice, de longs promenoirs, de délicieux abris où règne, tout le long de l'année, la plus douce température, d'où se présentent toutes les jouissances du ciel le plus favorisé, et où se rencontrent souvent, au sein d'une végétation luxuriante, les fleurs et les fruits des contrées intertropicales et tous leurs enivrans aromes.

C'est la nature elle-même qui, guidée par la main de l'homme, fait les principaux frais de cette création inespérée. C'est la chaleur excédante des entrailles de la terre remontée de leurs profondeurs à la surface avec les torrens d'eaux thermales, de toutes parts vaporans, qui, distribués par une circulation habilement conduite dans de vastes galeries, des appartemens variés, vient, par une douce expansion, y verser ainsi à souhait les chaudes effluves des étés au sein des hivers, et y reporter, en même temps, les vapeurs balsamiques natives, qui doivent exercer, sur les organes affectés, la plus heureuse influence.

En fournissant gratuitement de la sorte le calorique et la vapeur sulfureuse, la nature, secondée par l'art, vient, comme on le voit, nous créer un climat artificiel, tempéré, médicatif, approprié à nos besoins; climat qui, pouvant varier à notre gré, nous permet de faire passer ainsi, comme par enchantement, une sphère circonscrite par toutes les variétés thermométriques, bienfaisantes, qui se déroulent avec tant de magnificence sur toute la surface du globe. Ces conditions précieuses, réunies dans le même établissement, devaient amener de nouvelles modifications dans la thérapeutique des sulfureuses. Le docteur Pujade avait déjà prévu la possibilité d'y lutter avantageusement contre les maladies anciennes des poumons. La disposition des constructions et l'aménagement des sources ne peuvent laisser le moindre doute à ce sujet. Cette médication spéciale date de 1842. Le docteur Pujade fit connaître la nouvelle méthode de traitement par la voie des annales médicales, et, plus tard, il a adressé deux mémoires scientifiques aux académies des sciences et de médecine, sur le même sujet. Il n'est pas juste, a dit ce médecin, que l'Italie conserve le monopole d'un beau ciel, ni les provinces d'outre-Rhin la priorité dans l'administration des eaux minéro-thermales. Le climat du Roussillon vaut bien celui de la Romagne, et le climat de Nice ne vaut pas celui d'Amélie-les-Bains. Nos établissemens thermaux sont aussi bien disposés que ceux de l'Allemagne et de la Suisse, et nos sources puissantes, par leur composition chimique, sont aussi bien aménagées que celles d'*Aix-la-Chapelle*, *Bade*, d'*Aix-en-Savoie*, dont le climat, froid et humide, n'est pas comparable à celui du *Roussillon*, et ne permet pas l'emploi des eaux pendant l'hiver.

Plusieurs salons et chambres sont consacrés à cette médication spéciale. On y respire le gaz sulfureux dans l'état vierge, c'est-à-dire venant directement du griffon, mêlé à l'air atmosphérique dans des proportions minimes; la vapeur y pénétre au moyen d'une soupape graduée; l'air se renouvelle sans cesse à l'aide d'un ventilateur. La température de ces appartemens est constamment de 16 à 18° cent.; ils ont vue sur la campagne, et on a pourvu au confortable de manière que, tout en usant du remède, les malades puissent s'y procurer des distractions. On respire un air sulfureux dans les galeries, les corridors et les escaliers. Le gaz est fourni par les grandes sources et les réservoirs des bains. En ouvrant les soupapes, la vapeur s'échappe, se répand et circule dans tous les endroits précités. Le calorique devenu libre y entretient une température constante d'environ 15° cent., bien que l'air s'y renouvelle d'une manière incessante. Il en résulte une atmosphère sulfureuse, douce, tempérée, légèrement humide. Les malades boivent de la source pectorale identique à celle de *Bonnes*, d'après MM. *Marjolin* et *Gonlier*; on en prend le matin à jeun, un ou deux verres, seule ou mitigée avec du lait, ou une tisane adoucissante.

Telle est la nouvelle médication sur laquelle le docteur Pujade cherche sérieusement à attirer l'attention des praticiens. Ce médecin rapporte une série de faits qui en confirment l'efficacité, non seulement dans l'affection chronique de la muqueuse bronchique, mais encore dans certains cas de phthisie pulmonaire.

Quelle image triste et sombre, quel tableau douloureux à mettre sous les yeux! On frémit déjà en entendant parler de ce fléau qui décime, qui frappe à tort et à travers nos générations étiolées; s'attaquant tantôt au berceau, tantôt à la couche virginale, s'adressant à tous les âges, tuant indistinctement, ici la jeune femme qui vient de mettre au monde un enfant ardemment désiré, là bas, sur la terre d'Afrique, le soldat intrépide, à nos côtés, le savant qui avait pâli sur un travail précieux et qui ne demandait plus que quelques mois pour mettre la dernière main à un livre, fruit de longues et pénibles études.

La phthisie enlève, terme moyen, le cinquième de la population; maladie terrible, héréditaire dans les familles, et qui se transmet d'âge en âge. On peut avoir reçu l'existence d'un père que les soucis et les tracas de la vie avaient vieilli avant le temps, d'une mère que le bal avait fatiguée, dès lors on peut porter en soi le germe du redoutable fléau; ses parens lui ont légué cet horrible héritage.

Ainsi, germe, prédisposition congéniale ou acquise à la maladie meurtrière; phlogose, tubercule, érosion, ulcération du parenchyme, du poumon; troubles, désordres fonctionnels, accidens consécutifs ou secondaires, succédant et augmentant selon les progrès de la lésion organique; de là, sécrétions et excrétions anormales, telles que diarrhée colliquative, expectoration puriforme, sueurs nocturnes; de là, amaigrissement, émaciation, dyspnée, aphonie, fièvre hectique.

Ce sont là les symptômes caractéristiques de cette maladie depuis son invasion jusqu'au dernier degré de son développement. Sa marche est plus ou moins rapide, selon le tempérament du sujet ou selon les causes qui l'ont produite. Mais la phthisie pulmonaire n'offre point de périodes distinctes. Le médecin peut juger du degré du mal par l'intensité de ses symptômes.

Ici se présentent trois questions importantes. La phthisie est-elle réfractaire à tous les moyens pharmaceutiques? L'inspiration du gaz sulfureux est-elle utile ou nuisible dans cette maladie et dans la bronchite chronique? Peut-on fixer les conditions d'opportunité et de non-opportunité de la médication sulfureuse dans les cas précités? Le docteur Pujade adressera bientôt un mémoire scientifique à l'académie de médecine tendant à la solution desdites questions. Il se borne aujourd'hui au résumé suivant.

Laennec, *Bayle*, *Andral*, Hufeland, Roger, et plusieurs autres praticiens consommés, ont mis hors de contestation la curabilité de la phthisie pulmonaire en prouvant, par de nombreuses autopsies, la réalité de la résolution tuberculeuse et de la cicatrisation des érosions et cavernes du tissu pulmonaire.

Les anciens ont connu l'action curative du soufre dans l'affection ancienne de poitrine. *Galien* envoyait ses phthisiques en Sicile pour respirer les émanations hépatiques qui s'exhalent des volcans. *Pilhes* n'a jamais observé la phthisie à *Ax* ni à *Bagnères-de-Luchon*; le docteur Pujade a fait la même remarque à Amélie-les-Bains. *Baumes*, *Barras* et autres médecins distingués ont retiré de bons résultats de la médication hydro-sulfureuse dans des cas d'affection catarrheuse où les agens thérapeutiques ordinaires avaient été nuls ou funestes. Les faits de guérison rapportés par le célèbre *Bordeu* sont tout à fait concluans. L'on connaît aujourd'hui toute la puissance médicatrice de l'action directe, immédiate, que la vapeur sulfureuse exerce sur la membrane muqueuse dans la bronchite chronique. L'on sait aussi que la phthisie pulmonaire est souvent la succédanée de cette dernière maladie. Le docteur Pujade a vu un certain nombre de ces pauvres catarrheux, vrais squelettes vivans, dans une extrême langueur, pâles, décharnés, ayant de la peine à se soutenir, qui, par le seul usage des eaux et de la vapeur sulfureuse, ont repris peu à peu leur appétit, leurs forces et leur embonpoint. Il a vu d'autres catharreux qui, ayant usé de cette médication vers la fin de l'automne, ont traversé la froide saison sans être enrhumés. Le catarrhe pulmonaire chronique s'aggrave et peut devenir mortel sous l'influence des temps froids et humides. Les médecins savent que c'est en hiver que la phthisie sévit le plus cruellement et que les recrudescences de cette affection sont plus faciles et plus fréquentes. Enfin, on a signalé les bons effets de l'emploi des eaux sulfureuses contre cette maladie lorsqu'elle se trouve sous l'influence d'une diathèse générale dartreuse, rhumatismale syphilitique, etc.

Le temps et l'expérience ont confirmé qu'une atmosphère froide et sèche est contraire aux poitrinaires, et qu'une atmosphère tempérée, un peu humide et légèrement sulfurée leur est tout à fait avantageuse. Le docteur Pujade pense que les appartemens qu'habitent les personnes malades de la poitrine doivent rester au dessous de 16° centigrades ; qu'une chaleur plus élevée détermine du mal-aise, dessèche les conduits respiratoires, empêche le sommeil et occasionne des sueurs abondantes toujours dangereuses en pareil cas ; qu'enfin la chaleur atmosphérique dépassant 20° centigrades, exaspère l'irritation bronchique au lieu de la diminuer. Ainsi, il résulte de cet exposé que la médication sulfureuse contre les affections chroniques des poumons, ne peut être réellement utile si elle ne réunit les deux conditions d'une climature douce et tempérée et de l'inspiration du gaz sulfureux mitigé par l'air atmosphérique ;

Que cette médication est beaucoup plus efficace si on l'applique pendant l'hiver, d'abord parce que les malades observent une diététique plus régulière dans cette saison, ensuite parce qu'ils absorbent et retiennent une plus forte quantité de souffre que dans les temps chauds ;

Qu'elle a une action prophylactique et curative contre l'affection générale de toutes les muqueuses, et s'adresse spécialement à la lésion de celle qui tapisse les conduits bronchiques, en s'appropriant aux diverses formes, phases et degrés de la maladie ;

Que les eaux et vapeurs sulfureuses peuvent agir comme excellent moyen prophylactique et curatif dans la phthisie pulmonaire, au moment où ses symptômes légers font reconnaître l'absence ou le début d'un travail de tuberculisation, ou lorsque cette maladie résulte d'une dégénérescence catarrheuse, de la rétrocession ou fixation de l'élément psorique, syphilitique, rhumatismale sur l'organe pulmonaire ;

Que dans la phthisie, lorsqu'elle est en même temps une lésion matérielle et une affection générale, il n'y a pas inopportunité à recourir à la médication sulfureuse, tant que le médecin n'a pas reconnu les signes d'un travail de tuberculisation avancée, on peut dans ce cas parvenir à réduire les désordres existans, et s'opposer au progrès de la maladie :

Mais qu'il est une phase de la maladie pulmonaire où l'art doit désespérer toujours de la guérison : c'est lorsque les symptômes d'une tuberculisation purulente sont arrivés à leur dernier degré de développement. Ces symptômes sont une expectoration puriforme, la fièvre hectique, une diarrhée colliquative et l'émaciation générale ; dans ce cas, la médication hydo-sulfureuse serait plutôt nuisible qu'utile,

Nous terminons cette notice, peut-être déjà trop longue, en y consignant textuellement les conclusions prises par le docteur *Patissier*, dans son rapport lu et adopté dans la séance de l'académie de médecine, 31 août 1847 :

« Ce qui distingue le mémoire que nous venons d'analyser, ce qui mérite les éloges de
» l'académie, c'est le soin intelligent que son auteur a apporté dans l'aménagement des
» sources sulfureuses d'Amélie-les-Bains, et dans les appareils et procédés qu'il a introduits
» dans l'organisation de son établissement, qui peut être cité comme modèle. En
» administrant les eaux sous toutes les formes et en appropriant ses thermes à un service
» balnéaire d'hiver, M. Pujade a fourni incontestablement des ressources précieuses à la

» thérapeutique. Espérons que nos confrères apprécieront de tels avantages, et que cessant
» de rendre notre belle patrie tributaire de l'étranger, ils préféreront pour leurs malades,
» nos établissemens thermaux à ceux de l'Allemagne et de la Suisse ; en effet, nos
» sources puissantes, par leur composition chimique, sont aussi bien aménagées que
» celles d'Aix-la-Chapelle, d'Aix-en-Savoie, etc., dont le climat froid et humide n'est
» pas comparable à celui du Roussillon et ne permet pas l'emploi des eaux pendant l'hiver.

» Vos commissaires estiment qu'il y a lieu de remercier M. Pujade de son intéressante
» communication, de l'engager à poursuivre ses recherches hydrauliques, et de déposer
» son mémoire dans les archives de l'Académie. »

PISCINE DE NATATION.

L<small>A</small> piscine de natation ou d'action se compose d'un pavillon, d'une galerie et d'un vestiaire.

L'air et le soleil y pénètrent par de larges lucarnes vitrées. Elle ne peut recéler des émanations putrides, l'air s'y renouvelant sans cesse.

Cette belle piscine contient plus de 40 mètres cubes d'eau ; creusée dans la roche vive, elle reçoit les eaux des sources qui en jaillissent ; elles s'y renouvellent continuellement, ce qui permet de la vider de trois à quatre fois par jour.

Les sources qui l'alimentent, fournissent 120 mètres cubes d'eau par 24 heures, d'après le jaugeage exécuté par M. *Mathieu, de l'Institut.*

Le bain de piscine est collectif : les hommes le prennent de 6 à 7 heures ; les femmes y vont de 7 à 8. Les enfans de 8 à 12 ans peuvent aussi en faire usage.

La température de ce bain est de 28 à 34° centigrades. Le volume de l'eau peut y être augmenté et diminué à volonté, au moyen de soupapes placées à diverses hauteurs.

Il résulte des expériences faites par MM. *Marjolin* et *Goulier* que les eaux du bain gymnastique conservent toujours tous leurs principes minéralisateurs.

La source qui sourd dans le bassin même est désignée sous le nom de source *Anglada.* Elle portait le nom de source de la *Grotte den Carbonnell.* Ce chimiste distingué qui en a fait l'analyse, y a signalé la *glairine gélatineuse.* Il y avait là un bassin creusé dans la roche granitique. Nul doute qu'il a été fait de main d'homme, mais son origine se cache dans la nuit des temps. Il est très-probable que ce bassin a existé avant les thermes attribués aux Romains. Il est évident que c'est dans cette fosse rocheuse que venaient se baigner les lépreux. On sait qu'à cette époque, on n'opposait guère à cette maladie hideuse que les bains sulfureux à grandes eaux. Dans tous les anciens bains on trouve des restes de piscine destinée à ces sortes de réprouvés. Ils auraient même plongé dans les fleuves réputés sulfureux, car le malheureux *Noaman*, frappé de ce terrible mal, aurait obtenu sa guérison en se baignant dans les flots sulfurés du *Jourdain*.

Les anciens ont connu l'action curative du bain thermal de piscine dans les maladies qui ont résisté aux agens thérapeutiques ordinaires. Les modernes considèrent ce bain comme un des plus puissans moyens de guérison contre les mêmes affections. Mais les uns comme les autres ont négligé de l'approprier aux vues de la thérapeutique, de la manière la plus convenable. On peut dire que jusqu'ici le bassin de piscine n'a que très-imparfaitement rempli les conditions voulues. Le caractère sulfureux de ses eaux n'a pas été garanti; en donnant la préférence à la source la plus chaude et la plus abondante, les eaux n'ont pu être appropriées à l'usage médical qu'après avoir subi une réfrigération d'environ 30° centigrades, ce qui a amené leur complète désulfuration. Le refroidissement ne s'opère que lentement et toujours au contact de l'air; celui-ci a le temps de se mêler à l'eau et d'exercer par conséquent son influence, par son oxigène, sur l'ingrédient sulfureux; il en résulte encore qu'on ne peut administrer qu'un seul bain collectif par jour, d'où ressort l'inconvénient de l'exclusion de l'un ou de l'autre sexe, celui d'y admettre certains malades atteints d'infirmités repoussantes.

Ainsi que nous l'avons déjà dit, le bassin de piscine d'Amélie-les-Bains est disposé de manière à pouvoir observer les règles d'hygiène et les lois de la bienséance. Les personnes du sexe prennent le bain séparément; chaque baigneur a un costume, on est enveloppé d'un peignoir. Les infirmes qui peuvent donner du dégoût s'y baignent seuls, et l'eau du bassin est vidée après.

Les malades rentrent dans leurs chambres sans recevoir l'impression de l'air extérieur. La piscine est fermée; douze personnes au moins peuvent y nager ensemble. On s'y livre à un exercice musculaire au moyen de cordes placées verticalement et transversalement, etc.

Aussitôt que le baigneur est entré dans la piscine, il éprouve une sensation douce et générale; sa peau se colore, les vaisseaux extérieurs se dilatent et se dessinent davantage; il se sent plus fort, plus agile; après le bain, il se couche immédiatement, la réaction vers la peau devient plus générale, plus prononcée, et un doux calme le dispose au sommeil.

Sous l'influence de ce bain gymnastique, l'appareil cutané devient le siége d'une congestion sanguine modérée, mais à vaste surface, laquelle est toujours exempte de danger. Par suite de ce mouvement expansif, excentrique, occasionné par l'action simultanée du calorique, de l'exercice et des agens minéralisateurs, les fonctions excrétrices et sécrétrices prennent plus d'activité; les forces vives du corps et de l'esprit se réparent et le système sanguin acquiert une nouvelle énergie.

L'expérience a constaté l'influence médicatrice du bain de piscine dans l'affection scrofuleuse et rachitique, les douleurs arthritiques et rhumatiques anciennes et les maladies invétérées de la peau. Il a produit des résultats inespérés sur les organisations détériorées, sur les jeunes filles anémiques, les femmes débiles et par suite stériles; enfin, nous pensons que la piscine gymnastique dont s'agit, peut être regardée comme l'un des plus puissans modificateurs du tempérament lymphatique, qu'il réunit les avantages médicinaux du bain de mer sans en avoir les inconvéniens.

BUVETTE.

BUVETTE MINÉRO-THERMALE.

Eau tout-à-fait identique à celle de Bonnes.

La buvette minérale se compose de trois sources coulant au pied d'une roche granitique, et distantes l'une de l'autre d'environ quatre mètres. On les désigne sous les noms de source Hygie ou pectorale, de source *des Nerfs* et de source *Bouis.*

Gonlier, Marjolin fils et *Dupasquier* en ont fait l'analyse sur les lieux mêmes. Les eaux de ces trois fontaines sont consacrées à l'usage interne.

La source pectorale marque 30° centigrades, les eaux en sont limpides et ont l'odeur et la saveur hépatiques (d'œufs gâtés) à un faible degré. Recueillies dans un vase de cristal, elles offrent aux yeux en suspension de petits flocons de glairine blanche.

D'après le travail analytique sus-énoncé, il y a identité parfaite entre les eaux de la source *Pectorale* et celles de *Bonnes*, tant sous le rapport de leur constitution chimique, que sous le rapport de leurs vertus médicales.

On boit ces eaux pures ou mitigées avec du lait, du sirop, etc. La dose est de deux à cinq verres par jour, trois le matin et deux le soir. Il y a avantage à les boire au sortir de la roche. Une heure de repos au lit en seconde l'effet médicatif. On les emploie avec succès contre les affections anciennes des poumons. On les suspend dans les cas où il y a fièvre lente consomptive, diarrhée colliquative ou hémoptysie.

Puisées avec précaution, les eaux de la fontaine pectorale se conservent long-temps, ce qui permet leur exportation au loin. On les envoie par caisses de 50 bouteilles, prix 0 fr. 60 cent. l'une, non compris le port.

Les eaux de la fontaine *Bouis* marquent 32° centigrades, elles sont riches en matériaux alcalins ; ont une action spéciale sur les organes urinaires ; dissolvent et amènent les graviers, modifient avantageusement l'état chronique de la muqueuse urétro-vésicale; leur action médicatrice s'étend sur le tissu fibreux du canal de l'urèthre et de la vessie.

Les malades atteints de dysurie, d'énurésie, de leucorrhée, de cystirrhée, de paralysie et autres lésions chroniques des organes génito-urinaires, trouvent dans l'usage des eaux de la source *Bouix* un grand soulagement et souvent leur guérison.

La dose en est de 3 à 6 verres par jour, les deux tiers le matin et un tiers le soir; on a soin de se livrer à un exercice doux pendant qu'on les boit.

La source des Nerfs est très-tempérée, 24° centigrades. Les eaux de cette source diffèrent de celles des sources précédentes : plutôt froides que chaudes, très-peu chargées de principes minéralisateurs, belles et claires en tout temps, elles ont l'avantage de ne point peser sur l'estomac; bien passantes, selon l'expression du *célèbre Bordeu*, et elles s'approprient aux constitutions débiles et nerveuses.

La quantité doit être proportionnée à la force du malade et à l'intensité du mal. On en prend de quatre à six verres tous les matins, à un quart d'heure d'intervalle; on peut en boire deux verres le soir. On en a porté la dose jusqu'à douze et quinze verres par jour sans ressentir la moindre incommodité.

La gastralgie, l'entéralgie, la névropathie abdominale et autres formes névralgiques sont les affections pour lesquelles on a le plus fréquemment recours à ces eaux, et elles réussissent généralement bien quand les malades ne se lassent pas trop tôt d'en faire usage, et que toutes les précautions hygiéniques qui leur ont été recommandées sont rigoureusement observées.

Nous avons eu surtout recours aux eaux de la fontaine des Nerfs pour les personnes à poitrine malade, chez lesquelles les sulfureuses plus chaudes et plus minéralisées produisent une excitation dangereuse.

Leur action thérapeutique sur l'organisme, toute faible et lente qu'elle est, suffit pour amener la solution du mal. La guérison s'opère par résolution (Lysis), c'est-à-dire sans phénomènes apparens de réaction générale. Elle a lieu sans qu'on puisse en savoir le pourquoi, ni physique, ni chimique, ni pathologique. Ce qu'on peut dire, ce qu'on peut établir, enfin, c'est que la nuance des sulfureuses dont il s'agit a fait tellement ses preuves contre l'affection névralgique, qu'il n'est plus possible de révoquer en doute sa spécialité en pareil cas.

Les trois fontaines coulent en toute saison, sans jamais varier ni en quantité ni en qualité. Elles fournissent environ 200 pintes d'eau dans l'espace d'une heure. Mises en bouteilles bouchées avec des bouchons trempés dans la cire jaune, les eaux peuvent se conserver intactes plus d'une année, ce qui en permet le transport au loin, soit sur mer, soit par terre. Il en a été envoyé à Paris et en Algérie, et l'eau des bouteilles revenues après huit mois n'avait rien perdu de ses qualités physico-chimiques.

La position de ces sources, sur une belle route, et dans le voisinage de la mer, facilitent l'exportation de leurs eaux. Elles pourraient, à peu de frais, être transportées dans les pays d'outre-mer, et vendues à un assez bas prix, pour que les classes peu fortunées pussent les acheter. Mais hâtons-nous de le dire, le commerce d'exportation des eaux minérales n'est point connu en France; ni l'industriel, ni le gouvernement n'ont cherché à faire valoir cette source de richesse dont la nature a si largement doté notre sol. Nous sommes restés tributaires de l'*Allemagne*, de la *Suisse* et de la *Savoie* pour des sommes considérables. Nos voisins d'*outre-Rhin* ont été seuls, jusqu'à présent, en possession de la vente des eaux minérales. Ils en expédient des milliers de cruchons en *Russie*, en *Suède*, au *Cap de Bonne-Espérance*, aux *Indes Orientales* et autres pays lointains. Nous leur en achetons nous-même des quantités considérables, à des prix très-élevés, et les médecins étrangers ne prescrivent jamais nos eaux minérales à leurs malades.

Nous nous sommes ravisé, le moment nous a paru opportun pour disputer aux industriels allemands un monopole auquel nous avons le droit et le moyen de prétendre. Le *Roussillon* possède un grand nombre de sources minérales, abondantes et variées, pouvant en un mot remplacer les sources de *Spa*, d'*Aix-la-Capelle*, de *Bade*, *Wiesbade*, d'*Aix-en-Savoie*, *Fachingen*, etc. Nous signalerons les eaux sulfureuses thermales sodiques, (sulfureuses des Pyrénées) des bains d'Arles, les gazo-alcalino-ferrugineuses de Saint-Martin-de-Fenouilla et les acidules-alcalino-ferrugineuses de *Sorède*.

Ces eaux jouissent déjà d'une certaine célébrité pour l'usage interne; et chaque année, un très-grand nombre de malades viennent leur demander la guérison de leurs maux. De nombreux envois en ont été faits en divers pays, et partout les heureux résultats produits par elles ont constaté leur supériorité médicinale. Négliger d'étendre, d'agrandir la sphère d'application de ces sources, lorsque surtout les lumières scientifiques et les spéculations industrielles viennent à notre aide, serait manquer et à la science médicale et à l'intérêt national.

Sur ces motifs, nous venons de fonder un établissement pour le commerce d'exportation des eaux minérales sus-énoncées. Cet établissement est mis sous la protection du gouvernement. Nous le recommandons aux médecins dans la pratique desquels se trouvent des catarrheux et des graveleux.

Le site où coulent ces eaux bienfaisantes est des plus agréables. On y respire un air d'une grande pureté; la température y est douce et égale et les rafales du nord n'y ont point d'accès. C'est une belle et longue terrasse, ou plutôt une avenue champêtre pour les malades qui prennent un bain après avoir bu. Ce lieu réunit les conditions voulues pour l'usage auquel il est destiné. Là il n'y a pas d'époque *sacramentelle* (la saison des eaux) fixée pour les malades qui ont besoin d'y venir. Les abords en sont tout aussi faciles en hiver qu'en été : ce privilège ne saurait passer désormais inaperçu. Tous les hivers, des malades du nord viennent y chercher le rétablissement de leur santé. Encore quelques années, et cette heureuse position hydrologique y attirera des milliers de malades.

Le printemps y est hâtif et y dure long-temps; la nature y devient alors des plus riantes. La buvette n'offre pas seulement une boisson abondante et salutaire aux baigneurs, elle leur présente de plus l'étrangeté d'un site montagneux Pyrénéen, ces belles anomalies champêtres si propres à faire naître d'agréables émotions. Là-bas, un bassin naturel, large et profond, qu'alimentent les eaux limpides du Mondony; de ça un pont léger jeté d'un bord à l'autre du *ravin dit den Bataille* et qui relie les constructions nouvelles aux anciennes habitations; ici un bouquet d'arbres, lauriers, saules-pleureurs, orangers, grenadiers, micocouliers, etc., offrant un frais et délicieux ombrage; là des pavillons couverts de fleurs et de verdure, invitent le visiteur au repos; plus haut des sentiers bordés de chèvrefeuille, de pervenche et de romarin, ménagent des buts d'excursions agréables aux baigneurs. Puis les chants harmonieux des oiseaux se mêlant au doux murmure de la rivière, et une nombreuse et aimable société, tels sont les avantages et les agrémens qu'on trouve réunis dans ce site hydrologique, auquel les médecins accorderont la priorité un jour.

VUE DU JARDIN

JARDIN
DE L'ÉTABLISSEMENT.

Ce jardin fait suite aux nouvelles constructions. Taillé en terrasse, il longe la rive gauche du Mondony. L'exposition en est méridionale, et il est abrité contre le vent du nord. Douce et égale tout le long de l'année, la température y devient fraîche pendant l'été: on y respire un air pur et sain, sans cesse renouvelé par un courant qui, descendant du haut de la vallée de Montalba, suit le cours rapide du Mondony.

Renfermé entre deux escarpemens d'une inclinaison presque perpendiculaire, coupé diversement par des saillies rocheuses et de vastes murailles de soutènement, ce jardin-verger présente aux regards de l'amateur un délicieux contraste. La nature n'a pas tout fait dans la formation de ce charmant pêle-mêle; l'art a dû lui venir en aide. A elle, la coupe du site, l'incandescence souterraine et l'action revivifiante du soleil. Mais ce n'était là qu'un sol stérile, qu'un désert sans verdure, une œuvre inutile, si l'homme s'était cru astreint au rôle unique de contemplateur. Il est intervenu dans ce travail inachevé, et sa main s'y fait connaître partout. Ce sont des chemins creusés dans la roche granitique; c'est un sol jadis mobile, rebelle à toute culture, converti en jardin potager, en terrasses d'agrément; on y trouve réunis en bouquets, ou distribués en allées, le laurier, le tilleul, l'arbousier, le micocoulier, le grenadier et plusieurs autres espèces méridionales. Plus loin, de nombreux sentiers bordés d'arbustes et ombragés par des saules-pleureurs, par d'obliques détours, ils conduisent au Mondony, à la cascade d'Annibal et au sommet de la montagne dite Sarrat den Merle, ménageant ainsi un but d'excursion agréable et salutaire pour les baigneurs. Au-dessus sont des parcelles cultivées, garnies d'arbres fruitiers de toute espèce, de la vigne et de l'olivier plantés en amphithéâtre, et puis un revers boisé se terminant par une crête élevée, dit Coll de las Fourques, sorte de belvéder d'où l'on peut contempler à la fois le magnifique Canigou et le double azur du ciel et de la mer, d'où l'on aperçoit enfin les rians paysages de la vallée du Tech.

Envoyez-nous des vues et nous vous enverrons des arbres, écrivait Mad. de Sévigné à Madame de Carignan. Le nouveau jardin-verger réunit l'un et l'autre avantage. Il offre un but de promenade pour les uns, un lieu de repos pour les autres, un séjour salubre et plaisant pour tous. La nature a ses mystères, ses miracles, que toute la perspicacité scientifique ne pourra jamais parvenir à deviner ni à surprendre. Dispensatrice des attributs méridionaux, son influence devient puissante sur tous les êtres doués de vie. Dans ce cas, elle émeut, soulage et guérit les malades soumis à son action bienfaisante et régénératrice.

CASCADE D'ANNIBAL

CASCADE ET ROCHER

D'ANNIBAL.

Uɴᴇ allée, bordée de figuiers, cérisiers, d'acacias et d'arbrisseaux verts, conduit au pavillon Zéphyre, d'où part le sentier étroit et périlleux qui longe la montagne, à gauche, et va aboutir au Mondony à quelques pas seulement au-dessus du grand mur de barrage, connu, par la tradition, sous le nom de muraille d'Annibal.

L'emplacement où est situé le pavillon est un ressaut rocheux, sorte de promontoire coupé à pic, qui s'avance au milieu et à l'entrée de la gorge de *Montalba*, et qui domine le cours de la rivière depuis le *Salt* de la cascade jusqu'au gouffre profond dit *Gourg de las Noü Tirandas*. De ce point culminant, en remontant le cours sinueux du Mondony, on a vue jusqu'au centre du vaste abîme. On peut en déterminer la forme, en mesurer les dimensions et en contempler les nombreux accidens. La gorge de *Montalba* est un site type, tant par son aspect sauvage que par la diversité des objets qui peuvent intéresser le naturaliste. Qu'on se représente une montagne granitique de forme pyramidale du nord au sud, ouverte verticalement dans toute sa profondeur, offrant en perspective deux immenses escarpemens rapprochés, au fond desquels coule en bouillonnant la rivière, et on aura une idée de cette belle anomalie géognosique. Ce lieu pittoresque offre surtout un sujet d'étude à ceux qui cultivent la science botanique. Les vastes surfaces de cette échancrure rocheuse, âpres et dénudées, renferment de précieuses essences végétales. On y voit des paliers ou plate-formes, des encaissemens et des cavités, des crevasses et des fissures rocheuses, garnis de terreau, et qui sont devenus spontanément autant de dépôts de germination. Une station si diversifiée, sous le rapport topographique, géologique et climatérique, doit offrir la même variété dans les productions végétales qui y croissent. Les flancs de cette gorge gigantesque renferment plusieurs niveaux et différentes expositions. La plus basse région a environ 230 mètres au-dessus du niveau de la mer. Au pied, du côté gauche, croissent spontanément le grenadier, le pistachier, le laurier et le micocoulier ; au point correspondant, rive droite, sont le frêne, le laurier-thin, le houx et le cytise noir. Plus haut, exposition australe, viennent l'arbousier, les genêts, les stellaires et les meufliers à feuilles de paquerette, azarine, etc. ; et au point opposé, le daphne à feuilles de laurier, l'alisier, les joubarbes et les lichens. Enfin, les deux sommités offrent le même contraste, un chêne-vert bien venu à côté d'un sapin rabougri ; en deçà, les campanules, les potentilles, les jasioné et le geniévrier ; au delà, la chèvrefeuille des Pyrénées et le daphne dioïque ; quelques mètres plus loin, au pied d'un bloc calcaire, poussent les turettes, les globulaires, la cupidone et la corise.

Que ceux qui aiment l'étrangeté des sites montagneux, les belles anomalies champêtres, visitent cette localité pyrénéenne ; qu'ils s'y rendent aux premières lueurs d'un beau jour de printemps ; autour d'eux s'offrent des fleurs et des parfums ; en face les eaux limpides du *Mondony* se précipitent, du haut de l'indestructible muraille d'Annibal, et à leurs pieds, les mêmes eaux roulent en cascades. Elles entretiennent une brise douce et légère, qui porte partout l'animation et la vie. Des rossignols et des fauvettes y chantent dès l'aurore, ils chantent toutes les heures du jour, et leurs chants harmonieux, se mêlant au doux murmure de la rivière, font naître de vives et agréables émotions.

VUE D'ARLES, prise du Pont.

ARLES-SUR-TECH.

Arles est une colonie Romaine, *Arula*, qui offre à chaque pas, et dans la plupart de ses dénominations locales, des traces de son origine. A peine échappée aux invasions si désastreuses des Sarrasins, la ville industrielle et agricole devint, sous la puissante main de Charlemagne, un fief religieux qui fut donné en apanage à l'ordre de Saint-Benoît. Le IXᵉ siècle, si riche en légendes, dota l'abbaye d'Arles des reliques des Saints Abdon et Sennen, princes persans, retirés des catacombes de Rome, et portés furtivement au pied du Canigou, dans des comportes remplies d'eau. Cette eau, sanctifiée dans un long trajet, fut versée et scellée dans un sarcophage romain. Grande est l'affluence des pélerins qui visitent toute l'année le reliquaire et les riches bustes des deux martyrs. Chacun des pérégrinans veut une fiole de l'eau miraculeuse et il donne son aumône en échange. Depuis le IXᵉ siècle, les pélerins n'ont pu épuiser cette source.

Arles renferme d'autres objets dignes de fixer l'attention de l'observateur. De ce nombre, nous citerons l'église paroissiale et son cloître, édifiés par les moines de l'ordre des Bénédictins, vers l'époque citée ci-dessus; le maître-hôtel et ses marbres de Paros; le beau Christ ressuscitant dû au ciseau de notre compatriote Boher, et la belle et nombreuse collection d'animaux pyrénéens que possède l'infatigable Aspart.

La ville d'Arles est à trois quarts de lieue des bains. C'est un but de promenade pour les baigneurs. La route qui y conduit longe les riantes et fertiles rives du Tech. Les habitans, au nombre d'environ 3000, aiment le commerce, l'agriculture et surtout le progrès. Aussi, rencontre-t-on à chaque pas des travaux qui témoignent de leur intelligente activité.

C'est une belle plantation de châtaigniers sur des surfaces escarpées et presque verticales ; plus loin, sont de beaux ruisseaux d'arrosage, de fortes chûtes d'eau résultant de travaux de barrage hardis et solides à la fois ; viennent enfin les changemens utiles introduits dans le régime des eaux thermales, pour l'irrigation des terrains déclives et l'économie métallurgique.

Le bassin d'Arles est remarquable, autant par la diversité de ses sites que par l'excellente qualité de ses produits. Il y a à Arles des ressources ; le voyageur s'y loge convenablement et y vit encore mieux. Aussi en part-il avec le désir d'y revenir.

L'amateur y trouve des buts d'excursion fort intéressans. Il peut visiter la petite chapelle des Bénédictins, édifiée vers la fin du IXe siècle, et consacrée à St.-Pierre ; les belles mines de fer de la montagne de Batère, si riches en variétés de fer carbonaté spathique et qui renferment de si beaux dépôts de flos-ferri, ou aragonite coralloïde ; la grotte *den Pey* et ses belles stalactites, et enfin l'horrible abîme qu'on connaît sous le nom de *Fou* et dont la contemplation cause de si vives émotions.

PONT DE PALALDA, près Amélie-les-Bains.

7ᵉ VUE.
VILLAGE DE
PALALDA ET DU PONT.

Ce village, bâti en amphithéâtre, renferme environ 800 habitans. Une maison flanquée de deux tours bien conservées le domine. C'était jadis la *villa*, le petit palais, *palatiolo*, de l'abbé d'Arles. Le haut seigneur a disparu, mais il a laissé des témoignages irréfragables de ses sentimens de bienveillance et de progrès. Aussi les habitans de ce village se sont-ils distingués par l'amour des travaux d'amélioration. Ils ont accompli sur des pentes déclives et rocheuses des travaux agricoles et d'industrie qui attestent d'une persévérante et intelligente activité. les revers, transformés en terrasses, sont boisés, c'est-à-dire, couverts de vignes, d'oliviers et d'arbres fruitiers de toute espèce. On rencontre à chaque pas des plâtrières, des briqueteries, des usines de fer, etc. Les rives du Tech sont embellies par des vergers dont on estime les produits.

Un pont fort pittoresque relie le chemin vicinal de Palalda à la route nationale d'Arles. Le premier serait rendu carrossable à peu de frais. Ce chemin faciliterait le transport des denrées et produits industriels du lieu, et puis, formant un abri tout le long de son parcours, il servirait de promenade aux malades qui fréquentent les eaux thermales des bains d'Arles pendant la saison d'hiver, avantage d'autant moins à dédaigner qu'il ferait le complément d'un service qui peut devenir une nouvelle source de richesses pour le pays.

VUE DU CANIGOU.

VUE DU CANIGOU.

CANIGOU, MONTAGNE PYRÉNÉENNE,

A 6 LIEUES DES BAINS.

Le Canigou est une magnifique pyramide qui a pour base la belle et fertile plaine du Roussillon.

Il est distant d'environ dix lieues d'Amélie-les-Bains ; son élévation est de 2785 mètres.

Se détachant sur l'azur d'un beau ciel, cette immense pyramide offre un aspect des plus ravissans. Elle embellit les lieux circonvoisins. Les thermes d'Arles, qui sont situés au pied de son revers méridional, lui doivent ses plus beaux sites. Le voyageur qui s'y dirige parcourt divers climats et traverse une région soumise aux températures correspondantes à 28 degrés de latitude. Les plantes grasses des côtes de la Catalogne et de l'Afrique ne sont plus qu'à 4 heures de distance des saxifrages, des renoncules, des globulaires des Alpes et des lichens de la Laponie que produisent les flancs du Canigou. Dans cette belle excursion qu'on peut faire à cheval, le chêne de la Pologne précède le hêtre de la Finlande. Au-delà sont les arbres conifères. Un peu plus haut, les belles plantes alpines forment de belles colonies au pied des bouleaux rabougris. Au-delà c'est l'immense famille des cryptogames colorant les pics les plus escarpés.

Les flancs du Canigou récèlent, à plusieurs niveaux, des dépôts inépuisables de minerai, et les vastes galeries de Baiéra et de Fillols attestent des travaux qui remontent aux Phéniciens et aux Carthaginois.

Plus de 70 villages peuplent le pied des belles rampes et des profondes vallées du Canigou. Les débris des antiques forêts couronnent encore plusieurs sommités. De tous côtés apparaissent des carrières de beaux marbres trop négligemment exploitées. Des sources nombreuses alimentent le Tech, dont le volume suffit à l'industrie métallurgique et aux irrigations des champs fertiles de cette délicieuse vallée.

L'enthomologiste , l'ornithologiste , le géologue, l'antiquaire, l'économiste , l'agronome, l'industriel , tous ceux qui cherchent des distractions , un enseignement, un profit quelconque dans l'étude de la nature, trouvent réuni sur le Canigou ce qu'ils devraient aller chercher ailleurs et à de grands frais.

Un vaste champ y est ouvert aux explorations du botaniste laborieux , dont les expérimentations offriront d'autant plus d'intérêt qu'elles auront toujours un fait pour point d'appui. Par le règne végétal , il appréciera les diverses zònes climatériques qui se succèdent depuis le niveau de la mer jusqu'aux points les plus élevés de cette belle montagne ; par lui, il désignera aussi et les diverses saisons et les différentes phases du jour.

Le poète , le talent qui aime les émotions , réalise aussi ses vœux , ses aspirations , ses désirs ardens. Il n'a pas plutôt gravi les sommités de ce mont raide et escarpé , qu'il sonde , examine, scrute les merveilles que la nature étale à ses yeux. Cela n'est point copié , cela n'est point emprunté, le tableau est original, s'écrie l'observateur ! C'est la nature dans toute sa grandeur, dans son merveilleux disparate , surprise même dans la formation et le développement de ses plus étonnans phénomènes météorologiques. Un ciel clair et serein présente en peu d'instans quelques points nébuleux, bientôt ils se convertissent en nuages épais, le temps est couvert, l'orage menace. Le pic du Canigou n'a point d'abri, mais sur ses flancs on trouve les châlets des bergers, des grottes creusées par la nature, et, dans ces asiles, on peut contempler les déchiremens de la tempête ; mais elle passe rapide, et quelques instans après le soleil réparaît avec les magnificences de sa revivifiante lumière. Toutefois , la perturbation atmosphérique n'a point cessé ; des échos sonores en préviennent le voyageur. L'orage s'est reformé là-bas, il gronde sous ses pieds, il s'éloigne, il éclate et ravage la campagne. Mais hélas ! mal d'autrui n'est que songe ; et le berger en a été quitte pour la peur. Aussi s'empressera-t-il de reprendre sa houlette et sa cornemuse, d'ouvrir son parc et d'entonner, en ramenant paître ses moutons, l'air national *Montanyas Regaladas son las del Canigo*, air que le franc Roussillonnais n'entend jamais sans tressaillir de joie.